FRANZIS KURZTABELLEN

Gerd Tollmien

Kleine Tabelle der Rundfunksender

Standort, Frequenz und Sendeleistung deutscher und angrenzender L/M/K- und UKW-Sender

CIP-Titelaufnahme der Deutschen Bibliothek

Tollmien, Gerd:
Kleine Tabelle der UKW-, KW-, MW- und LW-
Rundfundsender / Gerd Tollmien. – München: Franzis, 1990
   (Franzis-Kurztabellen)
   ISBN 3-7723-7012-8
NE: HST

Umschlaggestaltung: Kaselow Design, München

© 1990 Franzis-Verlag GmbH, München

Druck: Sommer, Feuchtwangen
Printed in Germany. Imprimé en Allemagne.

3-7723-7012-8

Vorwort

Diese Sendertabelle ist vor allem für den Reisenden, den Urlauber oder Feriengast in Deutschland gedacht, damit er sich beim Rundfunkempfang überall in unserem Lande zurechtfindet.

Die Tabelle enthält vor allem deutsche Rundfunksender, aber auch starke Sender benachbarter Länder, die man bei uns gut empfangen kann. Dabei müssen die Ausbreitungsbedingungen der Funkwellen berücksichtigt werden. Diese sind, vor allem bei der Kurzwelle, von der Tageszeit und von der Jahreszeit abhängig.

Die Reichweite eines Rundfunksenders ist abhängig von der abgestrahlten Leistung und von der Höhe der Sendeantenne, aber auch von der Sendefrequenz. Gerade die Frequenz eines Senders ist bestimmend für seine Reichweite. Während im Langwellen- und auch im Ultrakurzwellenbereich die Wellen sich fast nur auf der Erdoberfläche ausbreiten, bilden sich vor allem im Kurzwellenbereich zusätzlich noch Raumwellen. Sie werden von der Sendeantenne nach oben in den Raum gestrahlt, in der Ionosphäre reflektiert und gelangen nur wenig geschwächt zur Erdoberfläche zurück. Hier können sie dann wieder gut empfangen werden. So kommt es auf Kurzwelle zu sehr großen Reichweiten, denn die Raumwelle kann auf ihrem Wege mehrfach von der Erdoberfläche und von der Ionosphäre reflektiert werden.

Weil die Sender im Ultrakurzwellenbereich nur eine
beschränkte Reichweite haben, die auf die theoreti-
sche Sichtweite der Sendeantenne begrenzt ist, und um
Ihnen die Sendersuche zu erleichtern, haben wir die
UKW-Sender in zwei Tabellen unterteilt:

   a) UKW-Rundfunksender nach Bundesländern und
      Sendeanstalten geordnet

   b) UKW-Rundfunksender nach Frequenzen geordnet

Dadurch ist es leicht, die Sender mit Hilfe der
Abstimmskala des Empfängers und einer Landkarte zu
finden.

Aus Platzmangel können wir in dieser Tabelle nur die
deutschen Rundfunksender und einige starke Sender der
Nachbarländer bringen. Den "Wellenjägern" empfehlen
wir die umfangreicheren Sendertabellen unseres
Verlages.

                                        Der Verfasser

Inhalt

Ultrakurzwellen-Rundfunksender in der Bundesrepublik und Berlin-West

Vorbemerkungen

Das Ultrakurzwellenband (UKW) liegt im Bereich von 87 MHz bis etwa 108 MHz (MHz = Megahertz = Millionen Schwingungen in der Sekunde = Frequenz der Sender).

Die Ultrakurzwellen haben eine quasioptische Ausbreitung; sie werden von der Sendeantenne fast geradlinig abgestrahlt, etwa wie Lichtwellen. Diese Funkwellen folgen kaum der Erdkrümmung. Es gibt bei UKW normalerweise nur eine sog. Bodenwelle. Die Ionosphäre ist für Ultrakurzwellen durchlässig, es kommt nicht zu Reflexionen, wie bei der Kurzwelle.
Durch besondere Wetterlagen (Inversionen) in hohen Luftschichten oder durch aussergewöhnliche Umstände in der Ionosphäre kann es trotzdem manchmal zu Reflexionen der Ultrakurzwellen kommen. Dann wird die Reichweite der Sender sehr groß. Man spricht von Überreichweiten, die mit der Veränderung der Wetterlage meistens schnell wieder verschwinden.
Normalerweise kann ein UKW-Sender nur in dem Umfeld der Sendeantenne empfangen werden, in dem die Antenne theoretisch gesehen werden könnte. Befindet sich die Sendeantenne hinter dem Horizont, kann der Sender nur noch durch Reflexionen empfangen werden. Die Reichweite ist, selbst bei hohen UKW-Senderleistungen, auf unter 100 km beschränkt.

Es kann auch vorkommen, daß man einen relativ starken
nahen UKW-Sender schlecht empfangen kann, weil ein
Bergrücken oder auch ein großes Gebäude zwischen der
Sendeantenne und der Empfangsantenne liegt. Das
führt, vor allem in bergischen Gegenden, zu Schwie-
rigkeiten (Verzerrungen) beim UKW-Empfang. Hier setzt
man kleine Sender ein, die das abgeschattete Gebiet
versorgen.

Nicht nur Abschattungen führen zu Empfangsschwierig-
keiten, auch Reflexionen an großen Gebäudekomplexen
haben Störungen des Empfangs zur Folge. Der Sender
wird dann aus einer anderen Richtung empfangen, als
es der tatsächlichen entspricht. Dieses muß bei
Richtantennen (Dipole) beachtet werden.

Ultrakurzwellen-Rundfunksender

Nach Bundesländern und Sendeanstalten geordnet

Bayern   Bayerischer Rundfunk (BR)

Standort	Programm	Frequenz MHz	Leistung kW
Bamberg	BR 1	94,8	25
	BR 2	89,6	25
	BR 3 VF	99,8	25
	BR 4	97,4	5
Brotjacklriegel Bayerischer Wald	BR 1	92,1	100
	BR 2	96,5	100
	BR 3 VF	94,4	100
	BR 4	100,9	100
Büttelberg Frankenhöhe	BR 1	91,4	25
	BR 2	88,2	25
	BR 3 VF	99,3	25
	BR 4	95,5	10
Coburg	BR 1	93,5	5
	BR 2	88,3	5
	BR 3 VF	99,2	5
	BR 4	97,7	0,5

Standort	Programm	Frequenz MHz	Leistung kW
Dillberg	BR 1	88,9	25
Oberpfalz	BR 2	92,3	25
	BR 3 VF	97,9	25
	BR 4	87,6	25
	BR GS	102,0	25
Gelbelsee	BR 1	101,6	25
bei Ingolstadt	BR 2	90,5	25
	BR 3 VF	97,6	25
	BR 4	88,0	10
Grünten	BR 1	90,7	100
Allgäu	BR 2	88,7	100
	BR 3 VF	95,8	100
	BR 4	101,0	100
Hochberg	BR 1	98,0	5
Traunstein	BR 2	91,5	5
	BR 3 VF	95,9	5
	BR 4	97,0	0,5
Hohe Linie	BR 1	95,0	25
bei Regensburg	BR 2	93,0	25
	BR 3 VF	99,6	25
	BR 4	97,0	5

Standort	Programm	Frequenz MHz	Leistung kW
Hohenpeissenberg	BR 1	92,8	25
	BR 2	94,2	25
	BR 3 VF	99,2	25
	BR 4	100,4	25
Hoher Bogen	BR 1	96,8	50
bei Kötzing	BR 2	91,6	50
	BR 3 VF	94,7	50
	BR 4	88,3	5
Hühnerberg	BR 1	91,9	25
bei Donauwörth	BR 2	96,1	25
	BR 3 VF	99,5	25
	BR 4	93,1	10
Kreuzberg	BR 1	98,3	100
Rhön	BR 2	93,1	100
	BR 3 VF	96,3	100
	BR 4	107,9	30
München	BR 1	91,3	25
Ismaning	BR 2	88,4	25
	BR 3 VF	97,3	25
	BR 4	103,2	5
	BR GS	90,0	25

Standort	Programm	Frequenz MHz	Leistung kW
Ochsenkopf	BR 1	90,7	100
Fichtelgebirge	BR 2	96,0	100
	BR 3 VF	99,4	100
	BR 4	102,3	50
	BR GS	88,0	25
Pfaffenberg	BR 1	95,6	25
bei Aschaffenburg	BR 2	88,4	25
	BR 3 VF	93,4	25
	BR 4	98,0	1
Wendelstein	BR 1	93,7	100
Oberbayern	BR 2	89,5	100
	BR 3 VF	98,5	100
	BR 4	102,3	100
	BR GS	105,7	2
Würzburg	BR 1	90,9	5
	BR 2	90,0	5
	BR 3 VF	97,6	5
	BR 4	89,0	5

Bayerische Landeszentrale für neue Medien
Antenne Bayern (ABY)

Standort	Programm	Frequenz MHz	Leistung kW
Bamberg	ABY VF	101,1	25
Brotjacklriegel	ABY VF	103,5	100
Burgbernheim	ABY VF	101,5	25
Coburg	ABY VF	103,8	5
Dillberg	ABY VF	100,6	25
Gelbelsee	ABY VF	100,2	25
Grünten	ABY VF	104,4	10
Hochries	ABY VF	107,7	10
Hohenpeissenberg	ABY VF	103,8	25
Hoher Bogen	ABY VF	101,9	50
Ochsenkopf	ABY VF	103,2	100
Pfaffenberg	ABY VF	103,0	25

Standort	Programm	Frequenz MHz	Leistung kW
Regensburg	ABY VF	103,0	25
Rhön	ABY VF	100,0	100
Traunstein	ABY VF	103,7	5
Unterringen	ABY VF	103,3	25

Deutschlandfunk (DLF)

Heidelstein	DLF	103,3	100
Ochsenkopf	DLF	100,3	100
Brotjacklriegel	DLF	100,1	100
Högl	DLF	100,3	15

Rundfunk im Amerikanischen Sektor (RIAS)

Standort	Programm	Frequenz MHz	Leistung kW
Hof	RIAS 1	89,3	20
	RIAS 2	91,2	20

American Forces Network (AFN)

Standort	Programm	Frequenz MHz	Leistung kW
Augsburg	AFN	100,0	15

Baden Württemberg Süd

Südwestfunk (SWF)

Standort	Programm	Frequenz MHz	Leistung kW
Blauen	SWF 1	89,2	8
	SWF 2	92,6	8
	SWF 3 VF	97,0	8
Feldberg Schwarzwald	SWF 1	89,8	5
	SWF 2	97,9	5
	SWF 3 VF	93,8	5
Hornisgrinde	SWF 1	93,5	80
	SWF 2	96,2	80
	SWF 3 VF	98,4	80
Breisgau	SWF 1	87,9	5
Raichberg	SWF 1	88,3	25
	SWF 2	91,8	25
	SWF 3 VF	94,3	25
ST. Chrischona	SWF 1	98,3	5
	SWF 2	92,0	5
	SWf 3 VF	89,5	5
Waldburg	SWF 1	91,2	25
	SWF 3 VF	94,9	60

Standort	Programm	Frequenz MHz	Leistung kW
Witthoh	SWF 1	92,4	40
	SWF 2	90,4	40
	SWF 3 VF	97,1	40

Deutschlandfunk (DLF)

Standort	Programm	Frequenz MHz	Leistung kW
Hornisgrinde	DLF	106,3	15
Witthoh	DLF	100,6	40

Baden Württemberg Nord

Süddeutscher Rundfunk (SDR)

Standort	Programm	Frequenz MHz	Leistung kW
Aalen	SDR 1 VF	95,1	50
	SDR 2	91,1	50
	SDR 3 VF	98,1	50
	SDR 4	96,9	5
Bad Mergentheim	SDR 1 VF	87,8	10
───	SDR 2	93,2	10
	SDR 3 VF	99,7	10
Heidelberg	SDR 1	97,8	100
	SDR 2	88,8	100
	SDR 3 VF	99,9	100
Mühlacker	SDR 1 VF	92,9	5
	SDR 2	89,5	5
	SDR 4	100,7	5
Pforzheim	SDR 3 VF	97,0	5
Stuttgart	SDR 1 VF	94,7	100
	SDR 2	90,1	100
	SDR 3 VF	92,2	100
	SDR 4	87,9	1

Standort	Programm	Frequenz MHz	Leistung kW
Ulm	SDR 1 VF	92,6	10
	SDR 2	89,2	10
	SDR 3 VF	97,4	10
	SDR 4	94,5	10
Waldenburg	SDR 1 VF	98,8	100
	SDR 2	93,8	100
	SDR 3 VF	96,5	100

American Forces Network (AFN)

Stuttgart	AFN	102,4	100

Bürger Radio Studiogesellschaft (BRS)

Mühlacker	BRS	100,7	5

Rheinland-Pfalz

Südwestfunk (SWF)

Standort	Programm	Frequenz MHz	Leistung kW
Bad Marienberg	SWF 1	89,8	25
	SWF 2	95,4	25
	SWF 3 VF	92,8	25
Donnersberg	SWF 1	99,1	60
	SWF 2	92,0	60
	SWF 3 VF	103,1	60
Eifel	SWF 1	91,1	8
	SWF 2	93,6	8
	SWF 3 VF	98,5	8
Haardtkopf	SWF 1	97,7	25
	SWF 2	93,0	50
	SWF 3 VF	90,0	50
Koblenz	SWF 1	96,1	10
	SWF 2	94,0	10
	SWF 3 VF	91,6	10
Linz a.Rhein	SWF 1	92,4	50
	SWF 2	97,4	50
	SWF 3 VF	94,8	50

Standort	Programm	Frequenz MHz	Leistung kW
Potzberg	SWF 1	90,8	20
	SWF 2	93,9	20
	SWF 3 VF	97,5	20
Saarburg	SWF 1	99,2	5
	SWF 2	93,8	5
	SWF 3 VF	90,6	5
Weinbiet	SWF 1	95,9	25
	SWF 3 VF	89,9	25

Rheinland-Pfälzische Rundfunk GmbH (RPR)

Ahrweiler	Radio 4	103,5	30
Bad Marienberg	Radio 4	102,9	25
Eifel	Radio 4	102,1	20
Haardtkopf	Radio 4	100,1	50
Kalmit	Radio 4	103,6	25
Koblenz	Radio 4	101,5	40

Standort	Programm	Frequenz MHz	Leistung kW
Potzberg	Radio 4	103,1	25
Saarburg	Radio 4	102,6	20
Wolfsheim	Radio 4	100,6	10
	American Forces Network (AFN)		
Kaiserslautern	AFN	100,2	7

Saarland   Saarländischer Rundfunk (SR)

Standort	Programm	Frequenz MHz	Leistung kW
Bliestal	SR 1 VF	92,3	5
	SR 2	98,0	5
	SR 3 VF	89,1	5
Göttelborner Höhe	SR 1 VF	88,0	100
	SR 2	91,3	100
	SR 3 VF	95,5	100
Moseltal	SR 1 VF	91,9	5
	SR 2	88,6	5
	SR 3 VF	96,1	5

Hessen   Hessischer Rundfunk (HR)

Standort	Programm	Frequenz MHz	Leistung kW
Biedenkopf	HR 1	91,0	100
	HR 2	99,6	100
	HR 3 VF	87,6	100
	HR 4 GS	103,2	100
Feldberg	HR 1	94,4	100
Taunus	HR 2	96,7	100
	HR 3 VF	89,3	100
	HR 4 GS	102,5	100
Habichtswald	HR 3 VF	101,2	20
Hardberg	HR 1	90,6	50
	HR 2	95,3	50
	HR 3 VF	92,7	50
	HR 4 GS	101,6	50
Hoher Meissner	HR 1	99,0	100
	HR 2	95,5	100
	HR 3 VF	89,5	100
	HR 4 GS	101,7	30

Standort	Programm	Frequenz MHz	Leistung kW
Rimberg	HR 1	91,3	50
	HR 2	95,0	50
	HR 3 VF	97,7	50
	HR 4 GS	91,9	20
Würzberg	HR 1	88,1	5
	HR 2	97,4	5
	HR 3 VF	89,7	5
	HR 4 GS	103,8	5

American Forces Network (AFN)

Feldberg Taunus	AFN	98,7	60

Nordrhein-Westfalen

Westdeutscher Rundfunk (WDR)

Standort	Programm	Frequenz MHz	Leistung kW
Aachen	WDR 1	101,9	20
	WDR 2 VF	100,8	5
	WDR 3	95,9	5
	WDR 4	93,9	10
Bonn	WDR 1	88,0	35
	WDR 2 VF	100,4	50
	WDR 3	93,1	35
	WDR 4	90,7	10
Ederkopf	WDR 1	95,8	20
	WDR 2 VF	101,8	15
	WDR 4	100,7	15
Eifel-Bärbelkreuz	WDR 1	89,6	10
	WDR 2 VF	101,0	10
	WDR 3	96,3	10
	WDR 4	104,4	0,5
Langenberg	WDR 1	88,8	100
	WDR 1 GS	103,3	100
	WDR 2 VF	99,2	100
	WDR 3	95,1	100
	WDR 4	101,3	100

Standort	Programm	Frequenz MHz	Leistung kW
Münster	WDR 1	92,0	25
	WDR 2 VF	94,1	25
	WDR 3	89,7	25
	WDR 4	100,0	25
Nordhelle	WDR 1	90,3	35
	WDR 1	104,7	35
	WDR 2 VF	93,5	35
	WDR 3	98,1	35
	WDR 4	103,8	35
Olsberg	WDR 1	98,6	10
	WDR 2 VF	102,1	10
	WDR 4	104,1	10
Teutoburger Wald	WDR 1	90,6	100
	WDR 2 VF	93,2	100
	WDR 3	97,0	100
	WDR 4	100,5	100
Wittgenstein	WDR 2 VF	92,3	15
	WDR 3	88,7	15

Deutschlandfunk (DLF)

Standort	Programm	Frequenz MHz	Leistung kW
Bonn	DLF	89,1	5
Wesel	DLF	102,8	100

British Forces Broadcasting Service (BFBS)

Bielefeld	BFBS	103,0	70
Langenberg	BFBS	96,5	50

Niedersachsen

Norddeutscher Rundfunk (NDR)

Standort	Programm	Frequenz MHz	Leistung kW
Aurich	NDR 1 VF	95,8	25
	NDR 2 VF	98,1	25
	NDR 3	90,0	25
Cuxhaven	NDR 1 VF	91,6	10
	NDR 2 VF	97,9	10
Dannenberg	NDR 1 VF	91,2	15
	NDR 2 VF	96,4	15
	NDR 3	93,3	5
Hannover	NDR 1 VF	90,9	15
	NDR 2	96,2	3
	NDR 3	98,7	3
Torfhaus/Harz	NDR 1 VF	98,0	100
	NDR 2 VF	92,1	100
	NDR 3	89,9	100
	NDR 4 GS	99,5	50

Standort	Programm	Frequenz MHz	Leistung kW
Lingen	NDR 1 VF	92,8	15
	NDR 2 VF	97,8	15
	NDR 3	90,2	15
Osnabrück	NDR 1 VF	92,4	8
	NDR 2 VF	89,2	8
	NDR 3	98,8	8
Rosengarten bei Harburg	NDR 1 VF	103,2	20
Stadthagen	NDR 1 VF	100,8	25
	NDR 2 VF	102,6	25
Steinkimmen bei Oldenburg	NDR 1 VF	91,1	100
	NDR 2 VF	99,8	100
	NDR 3	94,4	100
Visselhövede bei Verden	NDR 1 VF	91,8	5
	NDR 2 VF	95,9	5
	NDR 3	98,4	5

Deutschlandfunk (DLF

Standort	Programm	Frequenz MHz	Leistung kW
Aurich	DLF	101,8	100
Höhbeck	DLF	102,2	100
Lingen	DLF	102,0	15
Torfhaus/Harz	DLF	103,5	100

Funk und Fernsehen Nordwestdeutschland (FFN)

Aurich	FFN VF	103,1	25
Barsinghausen	FFN VF	101,9	25
Braunschweig	FFN VF	103,1	15
Dannenberg	FFN VF	102,7	15
Göttingen	FFN VF	102,8	5

Standort	Programm	Frequenz MHz	Leistung kW
Lingen	FFN VF	101,5	15
Osnabrück	FFN VF	103,4	10
Otterndorf	FFN VF	102,6	20
Rosengarten/Harburg	FFN VF	100,6	20
Steinkimmen/Oldenburg	FFN VF	102,3	100
Torfhaus/Harz	FFN VF	102,4	100
Visselhövede/Verden	FFN VF	101,7	10

British Forces Broadcasting Service (BFBS)

Braunschweig	BFBS	93,0	80
Visselhövede/Verden	BFBS	97,6	30

Bremen   Radio Bremen (RB)

Standort	Programm	Frequenz MHz	Leistung kW
Bremen	RB 1 VF	93,8	100
	RB 2	88,3	100
	RB 3 GS	96,7	50
	RB 4	101,2	20
Bremerhaven	RB 1 VF	89,3	25
	RB 2	92,1	25
	RB 3 GS	95,4	6
	RB 4	100,8	6
Hamburg	**Norddeutscher Rundfunk (NDR)**		
Hamburg	NDR 1 VF	90,3	80
	NDR 1 VF	93,1	20
	NDR 1 VF	89,5	10
	NDR 2 VF	87,6	80
	NDR 3	99,2	80
	Radio Hamburg (RHH)		
Hamburg	RHH	103,6	80

Schleswig Holstein

Norddeutscher Rundfunk NDR

Standort	Programm	Frequenz MHz	Leistung kW
Bungsberg bei Eutin	NDR 1 VF	97,8	50
	NDR 2 VF	91,9	50
	NDR 3	89,9	50
Flensburg	NDR 1 VF	89,6	25
	NDR 2 VF	93,2	25
	NDR 3	96,1	25
Heide	NDR 1 VF	90,5	15
	NDR 2 VF	96,3	15
	NDR 3	99,4	15
Kiel	NDR 1 VF	91,3	15
	NDR 2 VF	98,3	3
	NDR 4	94,4	3
Lauenburg	NDR 1 VF	94,2	2
Sylt	NDR 1 VF	90,9	1,8
	NDR 2 VF	98,7	1,8
	NDR 3	94,3	1,8

Radio Schleswig-Holstein (RSH)

Standort	Programm	Frequenz MHz	Leistung kW
Berkenthin bei Ratzeburg	RSH VF	101,5	20
Bungsberg bei Eutin	RSH VF	100,2	50
Freienwill bei Leck	RSH VF	101,4	20
Heide	RSH VF	103,8	15
Henstedt bei Ulzburg	RSH VF	102,9	10
Kiel	RSH VF	102,4	15
Westerland Sylt	RSH VF	102,8	5

Deutschlandfunk (DLF

Bungsberg bei Eutin	DLF	101,9	100

Berlin   Sender Freies Berlin (SFB)

Standort	Programm	Frequenz MHz	Leistung kW
Berlin	SFB 1	88,8	10
	SFB 2 VF	92,4	10
	SFB 3	96,3	10
	SFB 4 GS	98,2	1

Rundfunk im Amerikanischen Sektor (RIAS)

Berlin	RIAS 1	89,6	30
	RIAS 2 VF	94,3	50

British Broadcasting Corporation (BBC)

| Berlin | BBC | 90,2 | 50 |

Hundert 6 (H 6)

| Berlin | H 6 | 100,6 | 10 |

Radio City (R-City)

| Berlin | R-City | 103,4 | 10 |

Deutschlandfunk

Standort	Programm	Frequenz MHz	Leistung kW
Aurich Ostfriesland	DLF	101,8	100
Bonn Bad Godesberg	DLF	89,1	5
Brotjacklriegel Bayr. Wald	DLF	100,1	100
Bungsberg bei Eutin	DLF	101,9	100
Flensburg	DLF	103,3	16
Heidelstein Rhön	DLF	103,3	100
Hoegl bei Bad Reichenhall	DLF	100,3	15
Hoebeck Wendland	DLF	102,2	100

Standort	Programm	Frequenz MHz	Leistung kW
Hornisgrinde Schwarzwald	DLF	106,3	100
Lingen Emsland	DLF	102,0	15
Ochsenkopf Fichtelgebirge	DLF	100.3	100
Torfhaus Harz	DLF	103,5	100
Wesel	DLF	102,8	100
Witthoh bei Tuttlingen	DLF	100,6	40

Ultrakurzwellen-Rundfunksender

Nach Frequenzen geordnet

Frequenz MHz	Standort	Programm	Leistung kW
87,6	Biedenkopf	HR 3 VF GS	100
87,6	Dillberg	BR 4	25
87,6	Hamburg	NDR 2 VF	80
87,8	Bad Mergentheim	SDR 1 VF	10
88,0	Bonn	WDR 1	35
88,0	Gelbelsee	BR 4	10
88,0	Göttelborner Höhe	SR 1 VF	100
88,0	Ochsenkopf	BR GS	25
88,2	Büttelberg/Frankenh.	BR 2	25
88,3	Bremen	RB 2	100
88,3	Coburg	BR 2	5
88,3	Hoher Bogen	BR 4	5
88,3	Raichberg	SWF 1	25
88,4	München	BR 2	25
88,4	Pfaffenberg	BR 2	25
88,7	Grünten/Allgäu	BR 2	100
88,7	Wittgenstein	WDR 1	15
88,8	Berlin	SFB 1	10
88,8	Heidelberg	SDR 2	100
88,8	Langenberg	WDR 1	100
88,9	Dillberg	BR 1	25
89,0	Würzburg	BR 4	5
89,1	Bliestal	SR 3 VF	5

Frequenz MHz	Standort	Programm	Leistung kW
89,1	Bonn	DLF	5
89,2	Blauen	SWF 1	8
89,2	Osnabrück	NDR 2 VF	8
89,2	Ulm	SDR 2	10
89,3	Bremerhaven	RB 1 VF	25
89,3	Gr. Feldberg/Ts.	HR 3 VF	100
89,3	Hof	RIAS 1	20
89,5	Hamburg	NDR 1 VF	10
89,5	Hoher Meißner	HR 3 VF	100
89,5	Mühlacker	SDR 2	5
89,5	Wendelstein	BR 2	100
89,6	Bamberg	BR 2	25
89,6	Berlin	RIAS 1	30
89,6	Eifel/Bärbelkreuz	WDR 1	10
89,6	Flensburg	NDR 1 VF	25
89,7	Münster	WDR 3	25
89,7	Würzberg	HR 3 VF	5
89,8	Bad Marienberg	SWF 1	25
89,8	Feldberg/Schwarzw.	SWF 1	5
89,9	Bungsberg/Eutin	NDR 3	50
89,9	Torfhaus/Harz	NDR 3	100
89,9	Weinbiet	SWF 3 VF	25
90,0	München	BR 4	25
90,0	Aurich/Ostfriesld.	NDR 3	25
90,0	Haardtkopf	SWF 3	50
90,0	Würzburg	BR 2	5
90,1	Stuttgart	SDR 2	100

Frequenz MHz	Standort	Programm	Leistung kW
90,2	Berlin	BBC	50
90,2	Lingen/Emsld.	NDR 3	15
90,3	Hamburg	NDR 1 VF	80
90,3	Nordhelle	WDR 1	35
90,4	Witthoh	SWF 2	38
90,5	Gelbelsee	BR 2	25
90,5	Heide	NDR 1 VF	15
90,6	Hardberg	HR 1	50
90,6	Saarburg	SWF 3 VF	5
90,6	Teutoburger Wald	WDR 1	100
90,7	Bonn	WDR 4	10
90,7	Grünten/Allg.	BR 1	100
90,7	Ochsenkopf	BR 1	100
90,8	Potzberg	SWF 1	20
90,9	Hannover	NDR 1 VF	15
90,9	Sylt	NDR 1 VF	2
90,9	Würzburg	BR 1	5
91,0	Biedenkopf	HR 1	100
91,1	Aalen	SDR 2	50
91,1	Eifel	SWF 1	8
91,1	Steinkimmen/Oldbg.	NDR 1 VF	100
91,2	Dannenberg	NDR 1 VF	15
91,2	Hof	RIAS 2	20
91,2	Waldburg	SWF 1	25
91,3	Göttelborner Höhe	SR 2	100
91,3	Kiel	NDR 1 VF	15
91,3	München	BR 1	25

Frequenz MHz	Standort	Programm	Leistung kW
91,3	Rimberg	HR 1	50
91,4	Büttelberg/Frankenh.	BR 1	25
91,5	Hochberg/Traunst.	BR 2	5
91,6	Cuxhaven	NDR 1 VF	10
91,6	Hoher Bogen	BR 2	50
91,6	Koblenz	SWF 3 VF	10
91,8	Raichberg	SWF 2	25
91,8	Visselvövede/Verden	NDR 1 VF	5
91,9	Bungsberg/Eutin	NDR 2 VF	50
91,9	Hühnerberg	BR 1	25
91,9	Moseltal	SR 1 VF	5
91,9	Rimberg	HR GS	10
92,0	Donnersberg	SWF 2	60
92,0	Münster	WDR 1	25
92,0	St. Chrischona	SWF 2	5
92,1	Bremerhaven	RB 2	25
92,1	Brotjacklriegel	BR 1	100
92,1	Torfhaus/Harz	NDR 2 VF	100
92,2	Stuttgart	SDR 3 VF	100
92,3	Bliestal	SR 1 VF	5
92,3	Wittgenstein	WDR 2 VF	15
92,4	Berlin	SFB 2 VF	10
92,4	Linz/Rhein	SWF 1	50
92,4	Osnabrück	NDR 1 VF	8
92,4	Witthoh	SWF 1	38
92,6	Blauen	SWF 2	8
92,6	Ulm	SDR 1	10

Frequenz MHz	Standort	Programm	Leistung kW
92,7	Hardberg	HR 3 VF	50
92,8	Bad Marienberg	SWF 3	25
92,8	Hohenpeissenberg	BR 1	25
92,8	Lingen/Emsld.	NDR 1 VF	15
92,9	Mühlacker	SDR 1 VF	5
93,0	Braunschweig	BFBS	80
93,0	Haardtkopf	SWF 2	50
93,0	Hohe Linie/Regensbg.	BR 2	25
93,1	Bonn	WDR 3	35
93,1	Hamburg	NDR 1 VF	20
93,1	Hühnerberg	BR 4	10
93,1	Kreuzberg/Rhön	BR 2	100
93,2	Bad Mergentheim	SDR 2	10
93,2	Flensburg	NDR 2 VF	25
93,2	Teutoburger Wald	WDR 2 VF	100
93,3	Dannenberg	NDR 3	5
93,4	Pfaffenberg	BR 3 VF	25
93,5	Coburg	BR 1	5
93,5	Hornisgrinde	SWF 1	80
93,5	Nordhelle	WDR 2 VF	35
93,6	Eifel	SWF 2	8
93,7	Wendelstein	BR 1	100
93,8	Bremen	RB 1 VF	100
93,8	Feldberg/Schwarzw.	SWF 3 VF	5
93,8	Saarburg	SWF 2	5
93,8	Waldenburg	SDR 2	100
93,9	Aachen	WDR 4	10

Frequenz MHz	Standort	Programm	Leistung kW
93,9	Potzberg	SWF 2	20
94,0	Koblenz	SWF 2	10
94,1	Münster	WDR 2 VF	25
94,2	Hohenpeissenberg	BR 2	25
94,2	Lauenburg	NDR 1 VF	2
94,3	Berlin	RIAS 2 VF	50
94,3	Raichberg	SWF 3 VF	25
94,3	Sylt	NDR 3	1,8
94,4	Brotjacklriegel	BR 3 VF	100
94,4	Gr. Feldberg/Ts.	HR 1	100
94,4	Steinkimmen/Oldbg.	NDR 3	100
94,5	Ulm	SDR 4	10
94,7	Hoher Bogen	BR 3 VF	50
94,7	Stuttgart	SDR 1 VF	100
94,8	Bamberg	BR 1	25
94,8	Linz/Rhein	SWF 3 VF	50
94,9	Waldburg	SWF 3 VF	60
95,0	Hohe Linie/Regensbg.	BR 1	25
95,0	Rimberg	HR 2	50
95,1	Aalen	SDR 1 VF	50
95,1	Langenberg	WDR 3	100
95,3	Hardberg	HR 2	50
95,4	Bad Marienberg	SWF2	25
95,4	Bremerhaven	RB 3	6
95,5	Büttelberg/Frankenh.	BR 4	10
95,5	Göttelborner Höhe	SR 3 VF	100
95,5	Hoher Meißner	HR 2	100

Frequenz MHz	Standort	Programm	Leistung kW
95,6	Pfaffenberg	BR 1	25
95,8	Aurich/Ostfriesld.	NDR 1 VF	25
95,8	Ederkopf	WDR 1	20
95,8	Grünten/Allgäu	BR 3 VF	100
95,8	Wittgenstein	WDR 3	15
95,9	Aachen	WDR 3	5
95,9	Hochberg/Traunst.	BR 3 VF	5
95,9	Visselhövede/Verden	NDR 2 VF	5
95,9	Weinbiet	SWF 1	25
96,0	Ochsenkopf	BR 2	100
96,1	Koblenz	SWF 1	10
96,1	Flensburg	NDR 3	25
96,1	Hühnerberg	BR 2	25
96,1	Moseltal	SR 3 VF	5
96,2	Hannover	NDR 2 VF	3
96,2	Hornisgrinde	SWF 2	80
96,3	Berlin	SFB 3	10
96,3	Eifel/Bärbelkreuz	WDR 3	10
96,3	Heide	NDR 2 VF	15
96,3	Kreuzberg/Rhön	BR 3 VF	100
96,4	Dannenberg	NDR 2 VF	15
96,5	Brotjacklriegel	BR 2	100
96,5	Langenberg	BFBS	50
96,5	Waldenburg	SDR 3 VF	100
96,7	Bremen	RB 3	50
96,7	Gr. Feldberg/Ts.	HR 2	100

Frequenz MHz	Standort	Programm	Leistung kW
96,8	Hoher Bogen	BR 1	50
96,9	Aalen	SDR GS	5
97,0	Blauen	SWF 3 VF	8
97,0	Hohe Linie/Regensbg.	BR 4	5
97,0	Pforzheim	SDR 3 VF	5
97,0	Teutoburger Wald	WDR 3	100
97,1	Witthoh	SWF 3 VF	38
97,3	München	BR 3 VF	25
97,4	Bamberg	BR 4	5
97,4	Linz/Rhein	SWF 2	50
97,4	Ulm	SDR 3 VF	10
97,4	Würzberg	HR 2	3
97,5	Potzberg	SWF 3 VF	20
97,6	Gelbelsee	BR 3 VF	25
97,6	Visselhövede/Verden	BFBS	30
97,6	Würzburg	BR 3 VF	5
97,7	Haardtkopf	SWF 1	50
97,7	Rimberg	HR 3 VF	50
97,8	Bungsberg/Eutin	NDR 1 VF	50
97,8	Heidelberg	SDR 1 Vf	100
97,8	Lingen/Emsld.	NDR 2 VF	15
97,9	Cuxhaven	NDR 2 VF	10
97,9	Dillberg	BR 3 VF	25
97,9	Feldberg/Schwarzw.	SWF 2	5
98,0	Bliestal	SR 2	5
98,0	Torfhaus/Harz	NDR 1 VF	100
98,0	Hochberg/Traunst.	BR 1	5

Frequenz MHz	Standort	Programm	Leistung kW
98,0	Pfaffenberg	BR 4	1
98,1	Aalen	SDR 3 VF	50
98,1	Aurich/Ostfriesld.	NDR 2 VF	25
98,1	Nordhelle	WDR 3	35
98,2	Berlin	SFB 4 GS	1
98,3	Kiel	NDR 2 VF	3
98,3	Kreuzberg/Rhön	BR 1	100
98,4	Hornisgrinde	SWF 3 VF	80
98,4	Visselhövede/Verden	NDR 3	5
98,5	Eifel	SWF 3 VF	8
98,5	Wendelstein	BR 3 VF	100
98,6	Olsberg	WDR 1	10
98,7	Gr. Feldberg/Ts.	AFN	60
98,7	Hannover	NDR 3	3
98,7	Sylt	NDR 2 VF	1,8
98,8	Osnabrück	NDR 3	8
98,8	Waldenburg	SDR 1 VF	100
99,0	Hoher Meißner	HR 1	100
99,1	Donnersberg	SWF 1	60
99,2	Coburg	BR 3 VF	5
99,2	Hamburg	NDR 3	80
99,2	Hohenpeissenberg	BR 3 VF	25
99,2	Langenberg	WDR 2 VF	100
99,2	Saarburg	SWF 1	5
99,3	Büttelberg/Frankenh.	BR 3 VF	25
99,4	Heide	NDR 3	15
99,4	Ochsenkopf	BR 3 VF	100

Frequenz MHz	Standort	Programm	Leistung kW
99,5	Torfhaus/Harz	NDR GS	50
99,5	Hühnerberg	BR 3 VF	25
99,6	Biedenkopf	HR 2	100
99,6	Hohe Linie/Regensbg.	BR 3 VF	25
99,7	Bad Mergentheim	SDR 3 VF	10
99,8	Bamberg	BR 3 VF	25
99,8	Steinkimmen/Oldbg.	NDR 2 VF	100
99,9	Heidelberg	SDR 3 VF	100
100,0	Augsburg	AFN	15
100,0	Münster	WDR 4	25
100,0	Rhön	ABY	100
100,1	Brotjacklriegel	DLF	100
100,2	Bungsberg/Eutin	RSH VF	50
100,2	Gelbelsee	ABY VF	25
100,2	Kaiserslautern	AFN	7
100,3	Högl	DLF	15
100,3	Ochsenkopf	DLF	100
100,4	Bonn	WDR 2 VF	50
100,4	Hohenpeissenberg	BR 4	25
100,4	Langenberg	WDR 1	50
100,5	Teutoburger Wald	WDR 4	100
100,6	Dillberg	ABY VF	25
100,6	Rosengarten-Harbg.	FFN	20
100,6	Witthoh	DLF	40
100,6	Berlin	Hundert 6	10
100,7	Ederkopf	WDR 4	15
100,7	Mühlacker	SDR 4/BRS	5

Frequenz MHz	Standort	Programm	Leistung kW
100,8	Aachen	WDR 2 VF	5
100,8	Bremerhaven	RB 4	6
100,8	Stadthagen	NDR 1 VF	25
100,9	Brotjacklriegel	BR 4	100
101,0	Grünten/Allg.	BR 4	100
101,1	Bamberg	ABY VF	25
101,2	Bremen	RB 4	20
101,2	Habichtswald	HR 3 VF	20
101,3	Langenberg	WDR 4	100
101,4	Freienwill/Leck	RSH VF	20
101,5	Berkenthin/Ratzebg.	RSH VF	20
101,5	Burgbernheim	ABY	25
101,5	Lingen/Emsld.	FFN	15
101,6	Gelbelsee	BR 1	25
101,6	Hardberg	HR 4 GS	50
101,7	Hoher Meißner	HR 4 GS	30
101,7	Visselhövede/Verden	FFN	10
101,8	Aurich/Ostfriesld .	DLF	100
101,8	Ederkopf	WDR 2 VF	15
101,9	Aachen	WDR 1	20
101,9	Barsinghausen	FFN	25
101,9	Bungsberg/Eutin	DLF	100
101,9	Hoher Bogen	ABY	50
102,0	Dillberg	BR GS	25
102,0	Lingen/Emsld.	DLF	25
102,1	Olsberg	WDR 2 VF	10
102,2	Höhbeck	DLF	100

Frequenz MHz	Standort	Programm	Leistung kW
102,3	Ochsenkopf	BR 4	50
102,3	Steinkimmen/Oldbg.	FFN	100
102,3	Wendelstein	BR 4	100
102,4	Kiel	RSH VF	15
102,4	Stuttgart	AFN	100
102,4	Torfhaus/Harz	FFN VF	100
102,5	Gr.Feldberg /Ts.	HR 4	100
102,6	Otterndorf	FFN VF	20
102,6	Stadthagen	NDR 2 VF	25
102,7	Dannenberg	FFN VF	15
102,8	Göttingen	FFN VF	5
102,8	Wesel	DLF	100
102,8	Westerland	RSH VF	5
102,9	Bad Marienburg	Radio 4 RPR	25
102,9	Henstedt/Ulzburg	RSH VF	10
103,0	Bielefeld	BFBS	70
103,0	Pfaffenberg	ABY VF	25
103,0	Regensburg	ABY VF	25
103,1	Donnersberg	SWF 3 VF	60
103,1	Aurich/Ostfriesld.	FFN VF	25
103,1	Braunschweig	FFN VF	15
103,2	Biedenkopf	HR 4 GS	100
103,2	München	BR 4	5
103,2	Ochsenkopf	ABY VF	100
103,2	Rosengarten/Harbg.	NDR 1 VF	20
103,3	Heidelstein	DLF	100
103,3	Langenberg	WDR 1	100

Frequenz MHz	Standort	Programm	Leistung kW
103,3	Unterringen	ABY VF	25
103,4	Berlin	R.-City	10
103,4	Osnabrück	FFN VF	10
103,5	Brotjacklriegel	ABY VF	100
103,5	Torfhaus/Harz	DLF	100
103,6	Hamburg	RHH VF	80
103,6	Waldburg	SWF 1	60
103,7	Traunstein	ABY VF	5
103,8	Coburg	ABY VF	5
103,8	Eifel/Bärbelkreuz	WDR 2 VF	10
103,8	Heide	RSH VF	15
103,8	Hohenpeissenberg	ABY VF	25
103,8	Nordhelle	WDR 4	35
103,8	Würzberg	HR 4	5
104,1	Olsberg	WDR 4	10
104,4	Grünten/Allg.	ABY VF	10
104,7	Nordhelle	WDR 1	35
106,3	Hornisgrinde	DLF	100
107,7	Hochries	ABY VF	10
107,9	Kreuzberg/Rhön	BR 4	30

Die Kurzwellen-Rundfunksender

Der Kurzwellenbereich ist der Funkbereich, in dem vor allem der weltweite Funkverkehr abgewickelt wird.
Wie schon gesagt, ist in diesem Bereich vor allem die Raumwelle stark ausgeprägt. Die Bodenwelle, die sich von der Sendeantenne über der Erdoberfläche fortbewegt, ist nicht kräftig und hat keine große Reichweite. Sie ist nur in der Nähe des Senders gut zu empfangen. Die Raumwelle dagegen kann auch auf der anderen Erdseite gut aufgenommen werden. So kann man selbst diese Entfernung mit relativ geringer Sendeleistung überbrücken.

Kurzwellen-Rundfunksender in der Bundesrepublik für die Europa-Versorgung mit deutschen Programmen

Standort	Sendezeiten	Frequenz kHz	Progr.
Berlin	0000 - 2400 tgl.	6005	RIAS 1
Mühlacker	0430 - 0005 Mo-Sa 0556 - 0005 Sa	6030	SDR
Ismaning/München	0000 - 2400 tgl.	6085	BR
Bremen	0900 - 1200 Sa 1500 - 1800 So-Fr	6190	Hansa-Welle
Bremen	1200 - 2400 Sa 1800 - 2400 So-Fr	6190	SFB 1
Bremen	0000 - 0900 Sa 0000 - 1500 So-Fr	6190	SFB 2
Rohrdorf	0000 - 2400 tgl.	7265	SWF 3

Die Deutsche Welle auf KW (DLF)

Die Deutsche Welle betreibt 9 Sender in Jülich mit je
100 kW Leistung und weitere 9 Sender in Wertachtal
mit je 500 kW Leistung. Die Programme für das fernere
Ausland werden mit Richtantennen auf verschiedenen
Frequenzen ausgestrahlt.
Der genaue Einsatz der Frequenzen wird von den ionos-
phärischen Übertragungsbedingungen bestimmt, die ta-
geszeitlich und jahreszeitlich unterschiedlich sind.

Über die jeweils gültigen Programm- und Frequenzpläne
gibt die Deutsche Welle Auskunft.

Anschrift: Deutsche Welle Postfach 100 444
                            5000 Köln 1

Feststehende Sendezeiten und Frequenzen der
Deutschen Welle:

    1900 - 0700 tgl.   3995 kHz

    0000 - 2400 tgl.   6075 kHz

    0700 - 1855 tgl.   9545 kHz

    1300 - 1500 tgl.   11 905 kHz
                       15 245 kHz

Kurzwellen-Rundfunksender benachbarter Länder mit Programmen in deutscher Sprache

Land	Sendezeiten	Frequenz kHz	Programm
Frankreich	1900 - 2000	6150	Radio France
		7145	International
Großbritannien	0545 - 0645	6010	BBC-London
	1715 - 1800	3975	Europadienst
		5995	
		9825	
	1930 - 2000	3975	
		5875	
Luxemburg	0600 - 0100	6090	Radio Luxemb.
Österreich	0500 - 2400	5945	Radio
		6155	Österreich
		13730	International
Schweiz	0700 - 2145	6165	Schweizer
		9535	Radio Inter-
	zeitweise auch	3985	national
		12030	
Belgien	1030 - 1055	6035	BRT Brüssel
		11695	
	2100 - 2125	5915	

Land	Sendezeiten	Frequenz kHz	Programm
Griechenland	1900 - 2000	6210 7430 9905 11645	Die Stimme Griechenlands
Italien	1635 - 1650	5990 7290 9575	RAI
Jugoslawien	1830 - 1900	5980 7240 9620	Belgrad
	2130 - 2200	5980 6100 7240 9620	Belgrad
Monaco	1005 - 1020	6230 7205 9795	Radio Monte Carlo
	1205 - 1220	6230 7205	
	1245 - 1300	6230	
	1515 - 1530	9795	

Land	Sendezeiten	Frequenz kHz	Programm
Schweden	1130 - 1230	9630	Stockholm
	1730 - 1800	6065	Stockholm
	1830 - 1900	9615	Stockholm
	2100 - 2200	6065 9655	Stockholm
Vatikan	0620 - 0640	6185 9645	Radio Vatikan
	1600 - 1615	6250 7250 9645 11740	Radio Vatikan
	2020 - 2040	6190 6250 7250 9645	Radio Vatikan

Mittelwellen-Rundfunksender in Deutschland

Bei Sendungen im Mittelwellenbereich kommen vor allem die Wellen an der Erdoberfläche, die Bodenwellen, zur Wirkung. Ihre Reichweite ist von der Leistung des Senders, der Höhe der Sendeantenne und der Bodenbeschaffenheit abhängig. Dazu auch von der Tageszeit. Am Tage ist die Reichweite eines Mittelwellensenders geringer, als in der Nacht.

Wegen des relativ schmalen Frequenzbandes, das einem Mittelwellensender zur Verfügung steht (nur 9,0 kHz), ist die Übertragung hoher Tonfrequenzen nicht möglich. Das heißt, daß die Tonqualität mangelhaft ist. Sie ist nicht mit der bei der Ultrakurzwelle zu vergleichen.

Wegen der Überfüllung des Mittelwellenbandes und der teilweisen Mehrfachbelegung der Sendekanäle kommt es zu gegenseitigen Störungen. Man hat häufig Mühe, einen Sender sauber und störungsfrei zu empfangen.

Mittelwellen-Rundfunksender der Bundesrepublik

Nach Freqquenzen geordnet

Standort	Programm	Frequenz kHz	Leistung kW
Bayreuth	DLF	549	200
Frankfurt	HR	594	400
Berlin	SFB	567	100
Stuttgart	SDR	576	300
Kiel	NDR	612	10
Dannenberg	NDR / SFB	630	80
Bodenseesender	SWF	666	300
Hof/Saale	RIAS	684	110
Flensburg	NDR	702	5
Aachen/Stolberg	WDR	702	5
Langenberg	WDR	720	200

Standort Leistung	Programm	Frequenz kHz	kW
Braunschweig	DLF	756	800
Ravensburg	DLF	756	100
Bonn	WDR	774	5
München	BR	801	300
Hannover	NDR	828	100
Freiburg	SWF	828	40
Berlin	RIAS	855	100
Bremen	RB	936	100
Hamburg	NDR	972	300
Berlin	RIAS	990	300
Wolfsheim	SWF	1017	600
Neumünster	DLF	1269	600

Standort Leistung	Programm	Frequenz	
		kHz	kW
Saarbrücken	SR	1422	1200
Berlin	SFB	1449	5
Mainflingen	DLF	1539	700
Langenberg	WDR	1593	800

Mittelwellen-Rundfunksender benachbarter Länder

Nach Frequenzen geordnet

Standort	Frequenz kHz	Leistung kW
Beromünster / Schweiz	531	500
Leipzig / DDR	531	100
Monte Ceneri / Schweiz	558	300
Schwerin / DDR	576	250
Wien / Österreich	585	600
Lyon / Frankreich	603	300
Sarajewo / Yugoslawien	612	600
Wavre / Belgien	621	300
Prag / Tschechoslowakei / CSSR	639	1500
Orfordness / Großbritannien	648	500
Burg / DDR	657	250
Lopik / Holland	675	120

Standort	Frequenz kHz	Leistung kW
Berlin / DDR	693	250
Presov / CSSR	702	400
Rennes / Frankreich	711	300
Sottens / Schweiz	765	500
Burg / DDR	783	1000
Limoges / Frankreich	792	300
Skopje / Yugoslawien	810	1000
Sud Radio / Andorra	819	900
Nancy / Frankreich	837	200
Rom / Italien	846	540
Paris / Frankreich	864	300
Wachenbrunn / DDR	882	250
Mailand / Italien	900	600

Standort	Frequenz kHz	Leistung kW
Moorside Edge / Großbritannien	909	200
Ljubljana / Yugoslawien	918	600
Wolvertem / Belgien	927	300
Toulouse / Frankreich	945	300
Brünn / CSSR	954	100
Flevoland / Holland	1008	400
Burg-Dresden / DDR	1044	250
Droitwich / Großbritannien	1053	150
Kalundborg / Dänemark	1062	250
Kattowitz / Polen	1080	1500
Preßburg / CSSR	1098	750
Bari / Italien	1116	150
Zagreb / Yugoslawien	1134	1200

Standort	Frequenz kHz	Leistung kW
Straßburg / Frankreich	1161	200
Soelvesburg / Schweden	1179	600
Bordeaux / Frankreich	1206	100
Prag / CSSR	1233	400
Marseille / Frankreich	1242	150
Novi Sad / Yugoslawien	1269	600
Straßburg / Frankreich	1278	300
Orfordness / Großbritannien	1296	500
Kvitsoey / Norwegen	1314	1200
Leipzig / DDR	1323	150
Rom / Italien	1332	300
Budapest / Ungarn	1341	300
Nizza / Frankreich	1350	100

Standort	Frequenz kHz	Leistung kW
Berlin / DDR	1359	250
Lille / Frankreich	1377	300
Marnach / Luxemburg	1440	1200
Monte Carlo / Monaco	1467	1000
Wien / Österreich	1476	600
Wolvertem / Belgien	1512	600
Kosice / CSSR	1521	600
Radio Vatican / Rom	1530	450
Nizza / Frankreich	1557	300
Monte Ceneri / Schweiz	1566	300
Burg / DDR	1575	250

Langwellen-Rundfunksender in der Bundesrepublik

Die Langwellen breiten sich fast nur noch als Bodenwellen aus. Sie folgen auch der Erdkrümmung. Die
Reichweite hängt sowohl von der Senderleistung, der
Höhe der Sendeantenne, als auch von der Bodenbeschaffenheit ab. Die Reichweite ist während der Nacht kaum
größer als am Tage.

Die deutschen Langwellensender werden
vom Deutschlandfunk betrieben:

Standort	Frequenz kHz	Leistung kW
Donebach / Odenwald	153	500
München	207	500

Die "Europäische Rundfunk- und Fernseh A.G" betreibt
ebenfalls einen Langwellen-Rundfunksender:

Saarlouis	183	2000

Langwellen-Rundfunksender
benachbarter Länder

Standort	Frequenz kHz	Leistung kW
Allouis / Frankreich	162	2000
Oranienburg / DDR	177	750
Motala / Schweden	189	300
Droitwich / Großbritannien	198	400
Oslo / Norwegen	216	200
Junglister / Luxemburg	234	2000
Kalundborg / Dänemark	245	300
Burg / DDR	263	200
Cescoslovensko / CSSR	272	1500

Abkürzungen

AFN	American Forces Network
AFTN	Armed Forces Television Network (US Army Europe)
ARD	Arbeitsgemeinschaft der Rundfunkanstalten Deutschlands
BBC	British Broadcasting Corporation
BFBS	British Forces Broadcasting Service
BLM	Bayerische Landeszentrale für neue Medien
BR	Bayerischer Rundfunk
BRS	Bürger Radio Studiogesellschaft
BRT	Belgische Radio en Televise
DLF	Deutschlandfunk
DW	Deutsche Welle
ERP	Effective Radiated Power (Äquivalente Strahlungsleistung eines Senders)
FFB	Radio Forces Francaises de Berlin
FFN	Funk und Fernsehen Nordwestdeutschland
GS	Gastarbeiterprogramm
HR	Hessischer Rundfunk
kHz	Kilohertz (1000 Schwingungen/Sek)
kW	Kilowatt (Leistungsangabe)
KW	Kurzwelle
LW	Langwelle
MHz	Megahertz (1 Mill. Schwingungen/Sek)
MW	Mittelwelle
NDR	Norddeutscher Rundfunk
RAI	Radiotelevisione Italiana

RB	Radio Bremen
RHH	Radio Hamburg
RIAS	Rundfunk im Amerikanischen Sektor (Berlin)
RPR	Rheinland-Pfälzische Rundfunk GmbH & Co
RSH	Radio Schleswig Holstein
RTL plus	RTL plus Deutschland Fernsehen GmbH & Co
SAT 1	Satelliten Fernsehen GmbH
SDR	Süddeutscher Rundfunk
SFB	Sender Freies Berlin
SR	Saarländischer Rundfunk
SWF	Südwestfunk
UHF	Ultra High Frequencies (470 - 790 MHz)
UKW	Ultrakurzwelle (87 - 108 MHz)
VF	Verkehrsfunk
VHF	Very High Frequencies (40 - 230 MHz)
WDR	Westdeutscher Rundfunk

Die Frequenz- bzw. Wellenbereiche
der Rundfunksender

Wir unterscheiden vier Wellenbereiche:

Ultrakurzwelle (UKW)
87,5 MHz - 108,0 MHz =   3,43 m -   2,78 m

Kurzwelle
3,9 MHz -   26,1 MHz =   76,92 m -   11,49 m

Mittelwelle
525,0 kHz - 1606,0 kHz = 571,40 m - 186,70 m

Langwelle
150,0 kHz - 285,0 kHz = 2000,00 m - 1053,00 m

Während die Bereiche der UKW, MW und Langwelle wei-
testgehend vom Rundfunk genutzt werden können, muß
sich der Rundfunk im Kurzwellenbereich auf neun
schmale Frequenzbänder beschränken.

Die Bänder verteilen sich wie folgt:

75 m-Band	76,92 m - 75,00 m	=	3900 kHz -	4000 kHz
49 m-Band	50,42 m - 48,39 m	=	5950 kHz -	6200 kHz
40 m-Band	42,25 m - 41,10 m	=	7100 kHz -	7300 kHz
31 m-Band	31,58 m - 30,30 m	=	9500 kHz -	9900 kHz
25 m-Band	25,75 m - 24,90 m	=	11650 kHz -	12050 kHz
19 m-Band	19,87 m - 19,23 m	=	15100 kHz -	15600 kHz
16 m-Band	16,95 m - 16,76 m	=	17700 kHz -	17900 kHz
13 m-Band	13,99 m - 13,72 m	=	21450 kHz -	21860 kHz
11 m-Band	11,72 m - 11,49 m	=	25597 kHz -	26109 kHz

Einige Worte über die Ausbreitung der Funkwellen

Die Funkwellen der beschriebenen Wellenlängen- bzw. Frequenzbereiche haben sehr unterschiedliche Ausbreitungsbedingungen und die Sender dadurch unterschiedliche Reichweiten.

So ist die Reichweite eines Funksenders einerseits abhängig von der Wellenlänge bzw. der Frequenz, mit der gesendet wird, andererseits von der Höhe der Sendeantenne über der Umgebung und dazu noch von der abgestrahlten Leistung. Auch die Bodenbeschaffenheit, die die Funkwellen auf ihrem Wege vorfinden, beeinflußt die Reichweite.

Die Ultrakurzwelle UKW

Ultrakurzwellen haben eine sog. quasioptische Ausbreitung. D.h. die Wellen werden von der Sendeantenne fast geradlinig abgestrahlt, etwa wie Lichtwellen. Die Reichweite ist auf den theoretischen Sichtbereich der Sendeantenne beschränkt. Auch bei großen Sendeleistungen bleibt die Reichweite der Ultrakurzwelle unter 100 km.

Deshalb können mehrere UKW-Sender mit unterschiedlichen Programmen auf der gleichen Frequenz senden, ohne sich gegenseitig zu stören, wenn sie weit genug voneinander entfernt sind. So sendet z.B. der Norddeutsche Rundfunk sein Programm vom Sender Bungsberg in Schleswig Holstein auf der Frequenz 97,8 MHz und

der Süddeutsche Rundfunk sein Programm vom Sender
Heidelberg am Neckar auf der gleichen Frequenz.

Bei besonderen Witterungsumständen kann es manchmal
in hohen Luftschichten (Inversionsschichten) oder in
der Ionosphäre zu Reflexionen der Ultrakurzwellen
kommen. Dann wird die Reichweite des UKW-Senders sehr
groß. Man spricht von Überreichweiten. Der Empfang
von weit entfernten Rundfunk- oder Fernsehsendern,
z.B. aus Spanien, ist dann keine Seltenheit. Dieses
Phänomen verschwindet aber meistens bei Änderung der
Wetterlage schnell wieder.

Die Kurzwelle

Die Funkwellen in diesem Bereich breiten sich einmal
als Bodenwelle auf der Erdoberfläche aus. Ihre Reichweite ist aber nicht besonders groß. Die Bodenwelle
wird schnell von der Erdoberfläche absorbiert. Die
Absorption ist über dem Meer am geringsten und über
einer Wüste am größten. Die Bodenwelle ist praktisch
nur in Sendernähe gut zu empfangen.
Daneben gibt es die Raumwelle. Diese wird von der
Sendeantenne nach oben in den Raum gestrahlt und in
der Ionosphäre reflektiert. Die Reflexion geschieht
vor allem in der E-Schicht in etwa 100 km Höhe. Durch
die Reflexion gelangt die Raumwelle nach großer
Entfernung von der Sendeantenne wieder zur Erdoberfläche und ist wie ein naher Sender zu empfangen.

Die Reflexionseigenschaften der Ionosphäre sind sowohl von der Tageszeit als auch von der Jahreszeit abhängig. Auch die Sonnenfleckentätigkeit hat einen Einfluß darauf. Die Empfangsmöglichkeiten auf Kurzwelle sind daher sehr unterschiedlich.

Durch ihre Ausbreitungseigenschaften ist es bei der Kurzwelle möglich, mit relativ geringen Senderleistungen große Entfernungen zu überbrücken. Dieses nutzen vor allem die Funkamateure.

Je höher die Sendefrequenz ist, desto weniger werden die Funkwellen in der Ionosphäre reflektiert. Funkwellen mit einer Frequenz über 30 MHz, also mit einer Wellenlänge unter etwa 10 m, werden kaum noch reflektiert. Ultrakurzwellen breiten sich nur noch als Bodenwellen aus.

Die Mittelwellen

Die Ausbreitung der Mittelwellen ist von der Tageszeit abhängig. Am Tage gibt es fast nur eine Bodenwelle. Die Raumwelle bildet sich dann nur wenig aus. Aber während der Nacht kommt zur Bodenwelle eine stärkere Raumwelle und vergrößert die Reichweite des Senders. In gewisser Entfernung von der Sendeantenne können sowohl Boden- als auch Raumwellen auftreten. Da beide Wellen unterschiedliche Weglängen zurücklegen, treffen sie mit Laufzeit- und Phasenunterschieden an der Empfangsantenne ein. Dadurch kommt es zu

Störungen, zu Feldstärkeschwankungen. Die Feldstärken
beider Wellenzüge können sich erhöhen oder auch bis
zur Auslöschung verringern. Auch ändern sich derar-
tige Störungen oftmals schnell. Man spricht deshalb
von der Flatterzone. Die Schwankungen werden als Fa-
ding oder Schwund bezeichnet.
Die Ausbreitung der Mittelwelle ist neben der Tageszeit auch von der Jahreszeit abhängig. Sie ist im
Sommer ungünstiger als im Winter.

Die Langwelle

Die Ausbreitung der Langwelle geschieht fast nur
durch die Bodenwelle. Der Empfang ist am Tage praktisch genau so gut, wie in der Nacht. Die Raumwelle
ist kaum ausgebildet und spielt keine große Rolle
mehr. Je geringer die Sendefrequenz, je länger also
die Funkwelle ist, desto weniger kommt es in der
Ionosphäre zu Reflexionen. Bei sehr langen Wellen
wirkt die Ionosphäre nicht mehr als Reflektor für die
Raumwellen, sondern nur als Begrenzungsfläche für die
Bodenwellen.

Etwas über Wellenlängen und Frequenzen

Bei den Rundfunksendern wird allgemein ihre Frequenz angegeben.

Die Frequenz ist die Anzahl der Schwingungen in einer Sekunde. Die Maßeinheit für die Frequenz ist das Hertz (benannt nach dem Physiker Heinrich Hertz). Ein Hertz ist gleich einer Schwingung in einer Sekunde.

Auch bei den hörbaren Tönen wird die Schwingungszahl in Hertz angegeben.

Der Kammerton a, der zum Stimmen von Musikinstrumenten verwendet wird, hat z.B. eine Frequenz von 440 Hertz, abgekürzt 440 Hz. Für Tonmeßzwecke wird meistens ein Ton von 1000 Hz verwendet.

Bei den Rundfunksendern ist die Schwingungszahl so hoch, daß sie in Tausend Schwingungen je Sekunde, gleich Kilohertz = kHz, oder auch in Millionen Schwingungen je Sekunde, gleich Megahertz = MHz, angegeben wird.

Neben der Frequenzangabe können die Funkwellen auch in ihrer Länge angegeben werden.

Die Zahl der Schwingungen und ihre Länge stehen in einem festen Verhältnis zueinander.

Bei der Betrachtung dieser Zusammenhänge geht man von der Fortpflanzungsgeschwindigkeit der Funkwellen aus. Diese beträgt 300 000 km in der Sekunde. Jede einzelne Schwingung legt dabei eine bestimmte Strecke zurück. Bei nur wenigen Schwingungen in der Sekunde ist der Weg einer Schwingung länger, als bei vielen.

Der Weg, den eine Schwingung zurücklegt, ist die Wellenlänge.
Die Zusammenhänge zwischen Frequenz und Wellenlänge sind einfach zu verstehen.

So ist:

> Fortpflanzungsgeschwindigkeit in km
> geteilt durch die Schwingungen/Sekunde in kHz
> ergibt die Wellenlänge in Meter.

In Zahlen ausgedrückt:

$$\frac{300\ 000}{kHz} = \text{Wellenlänge in m}$$

Will man von der Wellenlänge auf die Frequenz schließen, lautet die Formel:

$$\frac{300\ 000}{m} = \text{Frequenz in kHz}$$

Ein Beispiel für das eben Gesagte:

Ein Kurzwellensender sendet mit einer Frequenz von
6110 kHz.
Dann entspricht dem eine Wellenlänge von:

$$\frac{300\ 000}{6110} = 49,09\ m$$

Man sieht, die Zusammenhänge sind nicht schwierig.

Einige Worte über Zeitangaben

In dieser Sendertabelle sind die Sendezeiten in
Mitteleuropäischer Zeit angegeben; (MEZ).
Das ist die bei uns in der Bundesrepublik geltende
Zeit im Winterhalbjahr.
Im Sommerhalbjahr haben wir hier die Mitteleuropäi-
sche Sommerzeit; (MESZ).

Bei uns gilt:

MESZ = MEZ + 1 Stunde.

Im internationalen Funkverkehr wird allgemein die sog. "Universalzeit" (UTC), auch "Weltzeit" genannt, angewendet.
Früher nannte man die Universalzeit "Greenwich Mean Time" (GMT).

Die Verhältnisse der UTC zu unserer Zeit sind wie folgt:

UTC = MEZ - 1 Stunde

UTC = MESZ - 2 Stunden

MEZ = UTC + 1 Stunde

MESZ = UTC + 2 Stunden.

Ein Beispiel: Um 17 30 Uhr UTC haben wir bei uns im Winterhalbjahr 18 30 Uhr; und im Sommerhalbjahr 19 30 Uhr.

Braucht man heute noch eine Antenne

Mit einem Wort: Ja!

Die Funkwellen werden mit einer Antenne empfangen, deshalb wird sie benötigt.

Die meisten Portables, früher nannte man sie "Kofferempfänger", also Rundfunkempfänger für unterwegs, haben eine eingebaute Antenne. Meistens eine heraus ziehbare Stabantenne.

Mit dieser Antenne kann man die meisten Sender gut empfangen. Wichtig ist, daß die Stabantenne immer ganz herausgezogen wird!

Manche Empfänger enthalten auch eine sog. Ferritantenne. Das ist eine kleine Spulenantenne mit einem Ferrit-Magnetkern im Inneren des Empfängergehäuses. Diese Antennenart ist richtungsempfindlich.

Kommt ein Sender mit der eingebauten Antenne zu leise herein, so kann man versuchen, durch eine Verlängerung der Antenne den Empfang zu verbessern.

Dafür genügt in vielen Fällen eine zusätzliche kleine Behelfsantenne. Diese kann z.B. aus einem dünnen isolierten Draht bestehen. Gut geeignet ist sog. Klingelleitungsdraht. Dieser Draht sollte am Ende eine sog. Krokodilklemme erhalten, mit der er mit der Stabantenne des Empfängers verbunden werden kann. Wie man die Behelfsantenne am Empfangsort verlegt oder spannt, muß man ausprobieren. Oftmals genügt es, den Draht zum Fenster hinaushängen zu lassen. Besser ist es, ihn in die Krone eines Baumes zu werfen. Dann aber bitte "Vorsicht beim Gewitter vor Blitzschlag!"

So ein Draht kann in vielen Fällen eine Verbesserung des Empfanges bringen.

An die Stelle eines Drahtes genügt es manchmal, die Empfängerantenne mit einer größeren Metallkonstruktion zu verbinden. Neben einer Behelfsantenne sollte auch eine zusätzliche Erdung des Empfängers ausprobiert werden. Zum Beispiel die Verbindung des Empfänger-Metallgehäuses mit der Wasserleitung. Auch dafür ist der Klingelleitungsdraht gut geeignet.

Das alles ist natürlich nur ein Behelf, den man unterwegs am Urlaubsort anwenden kann. Zuhause in der eigenen Wohnung ist dagegen eine gute Antennenanlage angebracht, wenn man auf die Wellenjagd gehen will.

Nun sind nicht alle Empfänger für eine zusätzliche Behelfsantenne dankbar. Manche "lehnen sie ab".

Bei manchen Portables bringt eine Zusatzantenne den Kurzwellenempfang total durcheinander. Statt einer Verbesserung des Empfanges erhält man ein wirres Durcheinander von Stimmen, Musik und Morsezeichen. Die einzelnen Sender sind nicht mehr zu trennen.

Bei diesen Empfängern ist die eingebaute Antenne mit der Eingangsstufe des Empfängers genau abgestimmt und jede Veränderung stört diese Abstimmung. Der Empfang verschlechtert sich.

Wenn man auch unterwegs mit seinem Empfänger auf die Wellenjagd gehen will, sollte man schon ein wenig experimentierfreudig sein.